器具

煎炒宜盘，汤羹宜碗，煎炒宜铁锅，煨煮宜砂罐。

砂罐

碗

芥末

时节

辅佐之物，夏宜用芥末，冬宜用胡椒。

选用
小炒肉 · 后臀

选用

选用之法，小炒肉用后臀，做肉圆用前夹心，煨肉用硬短勒。

肉圆·前夹心

煨肉·硬短勒

【壹】

鲜味篇

燕窝
海参
鱼翅
鳆鱼
淡菜
乌鱼蛋
刀鱼

黄鱼
边鱼
鲫鱼
季鱼
鱼松
鱼圆
汤鳗

鳝丝羹
醉虾
蟹
蛤蜊
蚶

燕窝

燕窝贵物，原不轻用。如用之，每碗必须二两，先用天泉滚水泡之，将银针挑去黑丝。用嫩鸡汤、好火腿汤、新蘑菇三样汤滚之，看燕窝变成玉色为度。此物至清，不可以油腻杂之；此物至文，不可以武物串之。

海参

海参无味之物，沙多气腥，最难讨好。然天性浓重，断不可以清汤煨也。须检小刺参，先泡去沙泥，用肉汤滚泡三次，然后以鸡、肉两汁红煨极烂。辅佐则用香蕈、木耳，以其色黑相似也。

鱼翅○

鱼翅难烂，须煮两日，才能摧刚为柔。用有二法：一用好火腿、好鸡汤，如鲜笋、冰糖钱许煨烂，此一法也；一纯用鸡汤串细萝卜丝，拆碎鳞翅搀和其中，飘浮碗面。令食者不能辨其为萝卜丝、为鱼翅，此又一法也。

○ 今常以粉丝代替。

鳆鱼

鳆鱼炒薄片甚佳，杨中丞家削片入鸡汤豆腐中。号称『鳆鱼豆腐』；上加陈糟油浇之。

淡菜

淡菜煨肉加汤，颇鲜，取肉去心，酒炒亦可。

乌鱼蛋

乌鱼蛋最鲜，最难服事。须河水滚透，撤沙去臊，再加鸡汤、蘑菇爆烂。

刀鱼

刀鱼用蜜酒酿、清酱放盘中，如鲥鱼法蒸之最佳。不必加水。如嫌刺多，则将极快刀刮取鱼片，用钳抽去其刺。用火腿汤、鸡汤、笋汤煨之，鲜妙绝伦。

黄鱼

黄鱼切小块，酱酒郁一个时辰。沥干。入锅爆炒两面黄，加金华豆豉一茶杯，甜酒一碗，秋油一小杯，同滚。候卤干色红，加糖，加瓜、姜收起，有沉浸浓郁之妙。

边鱼

边鱼活者，加酒、秋油蒸之。玉色为度。一作呆白色，则肉老而味变矣。并须盖好，不可受锅盖上之水气。临起加香蕈、笋尖。或用酒煎亦佳；用酒不用水，号『假鲥鱼』。

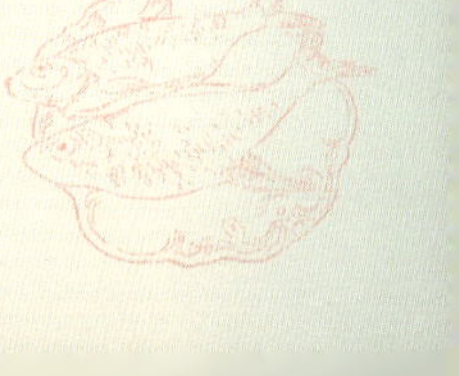

鲫鱼

鲫鱼先要善买。择其扁身而带白色者，其肉嫩而松；熟后一提，肉即卸骨而下。黑脊浑身者，崛强槎枒，鱼中之喇子也，断不可食。照边鱼蒸法，最佳。其次煎吃亦妙。

季鱼

季鱼少骨，炒片最佳。炒者以片薄为贵。用秋油细郁后，用纤粉、蛋清搂之，入油锅炒，加作料炒之。油用素油。

鱼松

用青鱼、鲜鱼蒸熟，将肉拆下，放油锅中灼之，黄色，加盐花、葱、椒、瓜、姜。冬日封瓶中，可以一月。

鱼圆

用白鱼、青鱼活者，破半钉板上，用刀刮下肉，留刺在板上；将肉斩化，用豆粉、猪油拌，将手搅之；放微微盐水，不用清酱，加葱、姜汁作团，成后，放滚水中煮熟撩起，冷水养之，临吃入鸡汤、紫菜滚。

汤鳗

鳗鱼最忌出骨。因此物性本腥重，不可过于摆布，失其天真，犹鲥鱼之不可去鳞也。清煨者，以河鳗一条，洗去滑涎，斩寸为段，入磁罐中，用酒水煨烂，下秋油起锅，加冬腌新芥菜作汤，重用葱、姜之类，以杀其腥。

鳝丝羹

鳝鱼煮半熟，划丝去骨，加酒、秋油煨之，微用纤粉，用真金菜、冬瓜、长葱为羹。

醉虾

带壳用酒炙黄，捞起，加清酱、米醋煨之，用碗闷之。临食放盘中，其壳俱酥。

蟹

蟹宜独食，不宜搭配他物。最好以淡盐汤煮熟，自剥自食为妙。蒸者味虽全，而失之太淡。

蛤蜊

剥蛤蜊肉，加韭菜炒之佳。

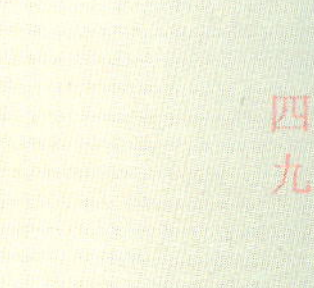

蚶

蚶有三吃法。用热水喷之，半熟去盖，加酒、秋油醉之；或用鸡汤滚熟，去盖入汤；或全去其盖，作羹亦可。

【贰】

肉食篇

猪蹄
牛肉
猪肚
羊羹
干锅蒸肉
烧羊肉
粉蒸肉
焦鸡
蘑菇煨鸡
芙蓉肉
炒鸡片
蒸鸭
荔枝肉
梨炒鸡
八宝肉
栗子炒鸡
蜜火腿
卤鸡

猪蹄

蹄膀一只，不用爪，白水煮烂，去汤，好酒一斤，清酱油杯半，陈皮一钱，红枣四五个，煨烂。起锅时，用葱、椒、酒泼入，去陈皮、红枣。

猪肚

将肚洗净，取极厚处，去上下皮，单用中心，切骰子块，滚油炮炒，加作料起锅，以极脆为佳。

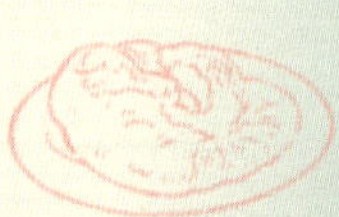

干锅蒸肉

用小磁钵，将肉切方块，加甜酒、秋油，装大钵内封口，放锅内，下用文火干蒸之。

中华美食

粉蒸肉

用精肥参半之肉，炒米粉黄色，拌面酱蒸之，下用白菜作垫，熟时不但肉美，菜亦美。

芙蓉肉

精肉一斤，切片，清酱拖过，风干一个时辰。用大虾肉四十个，猪油二两，切骰子大，将虾肉放在猪肉上，一只虾，一块肉，敲扁，将滚水煮熟撩起。熬菜油半斤，将肉片放在有眼铜勺内，将滚油灌熟。再用秋油半酒杯，酒一杯，鸡汤一茶杯，熬滚，浇肉片上，加蒸粉、葱、椒，糁上起锅。

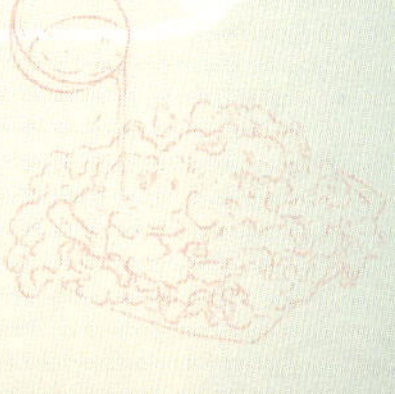

荔枝肉

用肉切大骨牌片，放白水煮二三十滚，撩起；熬菜油半斤，将肉放入炮透，撩起，用冷水一激，肉皱，撩起；放入锅内，用酒半斤，清酱一小杯，水半斤，煮烂。

八宝肉

用肉一斤，精肥各半，白煮一二十滚，切柳叶片。小淡菜二两，鹰爪二两，香蕈一两，花海蜇二两，胡桃肉四个去皮，笋片四两，好火腿二两，麻油一两。将肉入锅，秋油、酒煨至五分熟，再加余物，海蜇下在最后。

蜜火腿

取好火腿，连皮切大方块，用蜜酒煨极烂，最佳。

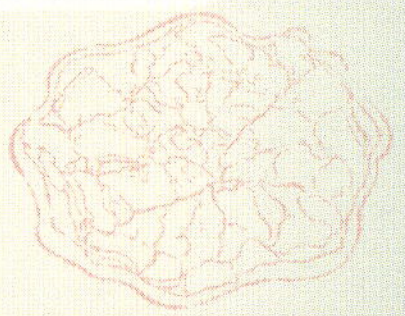

牛肉

买牛肉法，先下各铺定钱，凑取腿筋夹肉处，不精不肥。然后带回家中，剔去皮膜，用三分酒、二分水清煨，极烂；再加秋油收汤。

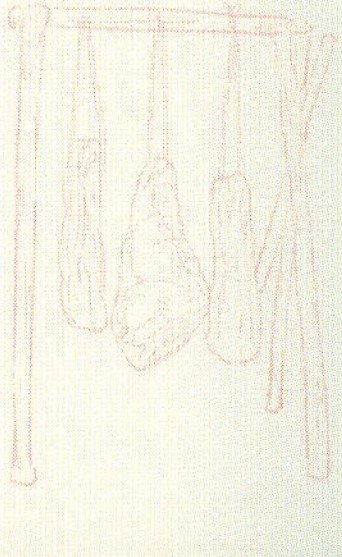

羊羹

取熟羊肉斩小块，如骰子大。鸡汤煨，加笋丁、香蕈丁、山药丁同煨。

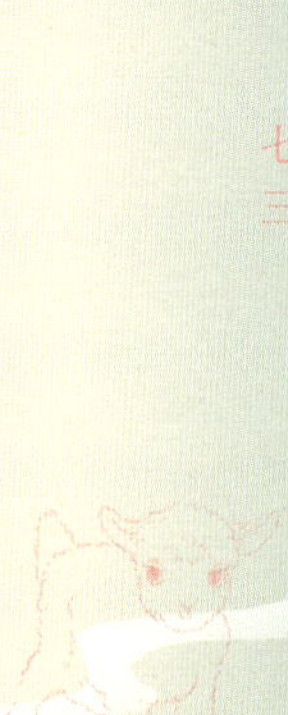

烧羊肉

羊肉切大块，重五七斤者，铁叉火上烧之。味果甘脆，宜惹宋仁宗认夜半之思也。

焦鸡

肥母鸡洗净，整下锅煮。用猪油四两、茴香四个，煮成八分熟，再拿香油灼黄，还下原汤熬浓，用秋油、酒、整葱收起。临上片碎，并将原卤浇之，或拌蘸亦可。此杨中丞家法也。

炒鸡片

用鸡脯肉去皮，斩成薄片。用豆粉、麻油、秋油拌之，纤粉调之，鸡蛋清拌。临下锅加酱、瓜、姜、葱花末。须用极旺之火炒。一盘不过四两，火气才透。

梨炒鸡

取雏鸡胸肉切片，先用猪油三两熬熟，炒三四次，加麻油一瓢，纤粉、盐花、姜汁、花椒末各一茶匙，再加雪梨薄片，香蕈小块，炒三四次起锅，盛五寸盘。

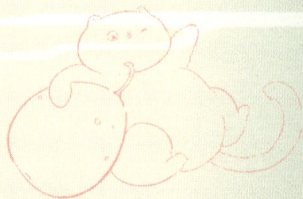

栗子炒鸡

鸡斩块，用菜油二两炮，加酒一饭碗，秋油一小杯，水一饭碗，煨七分熟；先将栗子煮熟，同笋下之，再煨三分起锅，下糖一撮。

卤鸡

囫囵鸡一只，肚内塞葱三十条，茴香二钱，用酒一斤，秋油一小杯半，先滚一枝香，加水一斤，脂油二两，一齐同煨；待鸡熟，取出脂油。水要用熟水，收浓卤一饭碗，才取起；或拆碎，或薄刀片之，仍以原卤拌食。

蘑菇煨鸡

鸡肉一斤，甜酒一斤，盐三钱，冰糖四钱，蘑菇用新鲜不霉者，文火煨两枝线香为度。不可用水，先煨鸡八分熟，再下蘑菇。

蒸鸭

生肥鸭去骨，内用糯米一酒杯，火腿丁、大头菜丁、香蕈、笋丁、秋油、酒、小磨麻油、葱花，俱灌鸭肚内，外用鸡汤放盘中，隔水蒸透，此真定魏太守家法也。

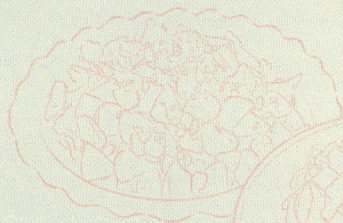

【叁】

杂素篇

蒋侍郎豆腐
杨中丞豆腐
蓬蒿菜
蕨菜
韭
芹
豆芽
茭
黄芽菜
波菜
松菌
茄
芋羹
豆腐皮
扁豆
冬瓜
煨鲜菱
缸豆
煨三笋
香珠豆
猪油煮萝卜
笋脯
莴苣
香干菜
酸菜
酱炒三果
小松菌
酱姜

蒋侍郎豆腐

豆腐两面去皮，每块切成十六片，晾干用猪油熬清烟起才下豆腐，略洒盐花一撮，翻身后，用好甜酒一茶杯，大虾米一百二十个；如无大虾米，用小虾米三百个；先将虾米滚泡一个时辰，秋油一小杯，再滚一回，加糖一撮，再滚一回，用细葱半寸许长，一百二十段，缓缓起锅。

杨中丞豆腐

用嫩豆腐煮去豆气，入鸡汤，同鳆鱼片滚数刻，加糟油、香蕈起锅。鸡汁须浓，鱼片要薄。

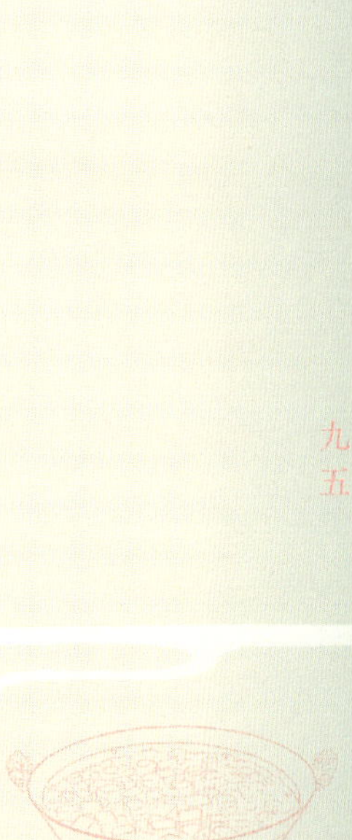

蓬蒿菜

取蒿尖用油灼瘪，放鸡汤中滚之，起时加松菌百枚。

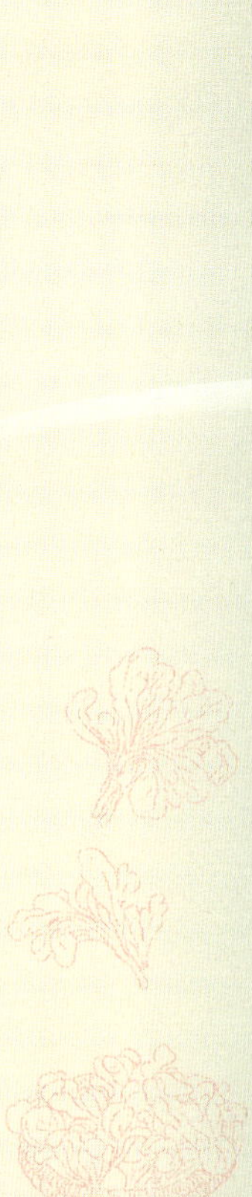

蕨菜

用蕨菜不可爱惜，须尽去其枝叶，单取直根，洗净煨烂，再用鸡肉汤煨。必买矮弱者才肥。

韭

韭，荤物也。专取韭白，加虾米炒之便佳。

芹

芹，素物也，愈肥愈妙。取白根炒之，加笋，以熟为度。

豆芽

豆芽柔脆，余颇爱之。炒须熟烂。作料之味，才能融洽。

茭

茭白炒肉、炒鸡俱可。切整段，酱醋炙之，尤佳。

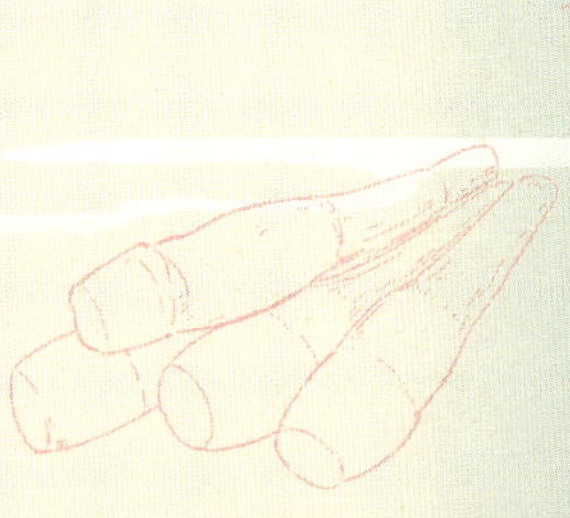

醋

黄芽菜

此菜以北方来者为佳。或用醋搂，或加虾米煨之，一熟便吃，迟则色、味俱变。

波菜

波菜肥嫩，加酱水豆腐煮之。杭人名『金镶白玉板』是也。

松菌

松菌加口蘑炒最佳。或单用秋油泡食，亦妙。

茄

吴小谷广文家，将整茄子削皮，滚水泡去苦汁，猪油炙之。炙时须待泡水干后，用甜酱水干煨，甚佳。卢八太爷家，切茄作小块，不去皮，入油灼微黄，加秋油炮炒，亦佳。

芋羹

芋性柔腻，入荤入素俱可。或切碎作鸭羹，或煨肉，或同豆腐加酱水煨。

豆腐皮

将腐皮泡软，加秋油中，醋、虾米拌之，宜于夏日。

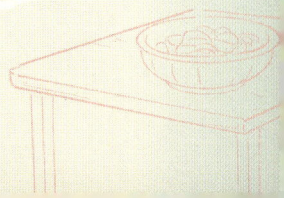

扁豆

取现采扁豆，用肉，汤炒之，去肉存豆。单炒者油重为佳。以肥软为贵。

冬瓜

冬瓜之用最多。拌燕窝、鱼肉、鳗、鳝、火腿皆可。

煨鲜菱

煨鲜菱，以鸡汤滚之。上时将汤撇去一半。池中现起者才鲜，浮水面者才嫩。加新栗、白果煨烂，尤佳。

缸豆

缸豆炒肉，临上时，去肉存豆。以极嫩者，抽去其筋。

煨三笋

将天目笋、冬笋、问政笋，煨入鸡汤，号『三笋羹』。

香珠豆

毛豆至八九月间晚收者，最阔大而嫩，号『香珠豆』。煮熟以秋油、酒泡之。出壳可，带壳亦可，香软可爱。

猪油煮萝卜

用熟猪油炒萝卜，加虾米煨之，以极熟为度。临起加葱花，色如琥珀。

笋脯

取鲜笋加盐煮熟，上篮烘之。须昼夜环看，稍火不旺则溲矣。用清酱者，色微黑。春笋、冬笋皆可为之。

莴苣

食莴苣有二法：新酱者，松脆可爱。或腌之为脯，切片食甚鲜。然必以淡为贵，咸则味恶矣。

香干菜

春芥心风干，取梗淡腌，晒干，加酒、加糖、加秋油，拌后再加蒸之，风干入瓶。

酸菜

冬菜心风干微腌，加糖、醋、芥末，带卤入罐中，微加秋油亦可。席间醉饱之余，食之醒脾解酒。

酱炒三果

核桃、杏仁去皮，榛子不必去皮。先用油炮脆，再下酱，不可太焦。酱之多少，亦须相物而行。

小松菌

将清酱同松菌入锅滚熟，收起，加麻油入罐中，可食二日，久则味变。

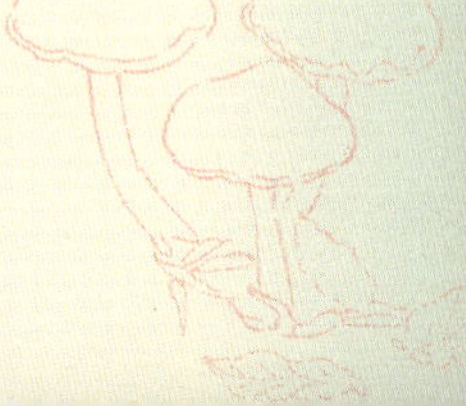

酱姜

生姜取嫩者微腌，先用粗酱套之，再用细酱套之，凡三套而始成。古法用蝉退一个入酱，则姜久而不老。

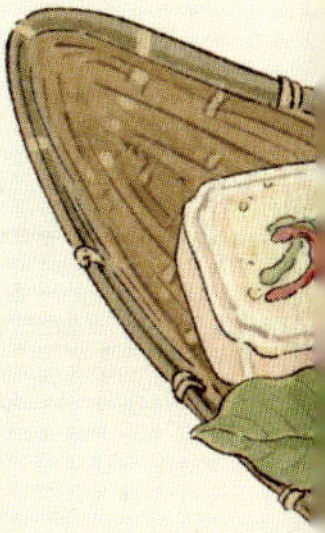

【肆】点心篇

鳗面
温面
蓑衣饼
虾饼
韭合
糖饼
烧饼
面茶

杏酪
萝卜汤圆
水粉汤圆
脂油糕
雪花糕
栗糕
青糕、青团
熟藕

刘方伯月饼
白云片
三层玉带糕
运司糕
扬州洪府粽子

鳗面

大鳗一条蒸烂，拆肉去骨，和入面中，入鸡汤清揉之擀成面皮，小刀划成细条，入鸡汁、火腿汁、蘑菇汁滚。

面

温面

将细面下汤沥干，放碗中，用鸡肉、香蕈浓卤，临吃，各自取瓢加上。

蓑衣饼

干面用冷水调，不可多，揉擀薄后，卷拢再擀薄了，用猪油、白糖铺匀，再卷拢擀成薄饼，用猪油熯黄。如要盐的，用葱椒盐亦可。

虾饼

生虾肉，葱盐、花椒、甜酒脚少许，加水和面，香油灼透。

韭合

韭菜切末，加作料，面皮包之，入油灼之。面内加酥更妙。

糖饼

糖水溲面，起油锅令热，用箸夹入；其作成饼形者，号『软锅饼』，杭州法也。

烧饼

用松子、胡桃仁敲碎，加糖屑、脂油和面炙之，以两面黄为度，而加芝麻。扣儿会做，面罗至四五次，则白如雪矣。须用两面锅，上下放火，得奶酥更佳。

面茶

熬粗茶汁，炒面兑入，加芝麻酱亦可，加牛乳亦可，微加一撮盐。无乳则加奶酥、奶皮亦可。

杏酪

捶杏仁作浆，挍去渣，拌米粉，加糖熬之。

萝卜汤圆

萝卜刨丝滚熟，去臭气，微干，加葱酱拌之，放粉团中作馅，再用麻油灼之。汤滚亦可。

水粉汤圆

用水粉和作汤圆，滑腻异常，中用松仁、核桃、猪油、糖作馅，或嫩肉去筋丝捶烂，加葱末、秋油作馅亦可。作水粉法，以糯米浸水中一日夜，带水磨之，用布盛接，布下加灰，以去其渣，取细粉晒干用。

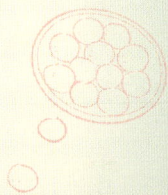

脂油糕

用纯糯粉拌脂油，放盘中蒸熟，加冰糖捶碎，入粉中蒸好，用刀切开。

雪花糕

蒸糯饭捣烂，用芝麻屑加糖为馅，打成一饼，再切方块。

栗糕

煮栗极烂，以纯糯粉加糖为糕蒸之，上加瓜仁、松子。此重阳小食也。

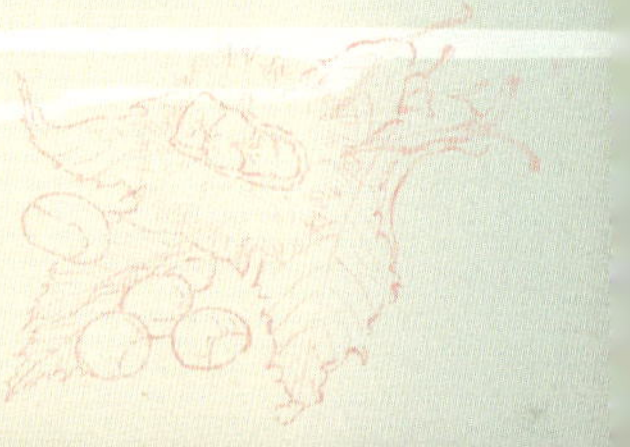

青糕、青团

捣青草为汁，和粉作粉团，色如碧玉。

熟藕

藕须贯米加糖自煮，并汤极佳。

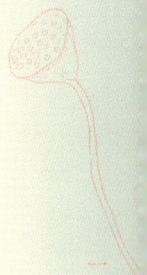

刘方伯月饼

用山东飞面，作酥为皮，中用松仁、核桃仁、瓜子仁为细末，微加冰糖和猪油作馅，食之不觉甚甜，而香松柔腻，迥异寻常。

白云片

白米锅巴，薄如绵纸，以油炙之，微加白糖，上口极脆。金陵人制之最精，号『白云片』。

三层玉带糕

以纯糯粉作糕，分作三层；一层粉，一层猪油白糖，夹好蒸之，蒸熟切开。苏州人法也。

运司糕

卢雅雨作运司，年已老矣。扬州店中作糕献之，大加称赏。从此遂有『运司糕』之名。色白如雪，点胭脂，红如桃花。微糖作馅，淡而弥旨。

扬州洪府粽子

洪府制粽，取顶高糯米，捡其完善长白者，去其半颗散碎者，淘之极熟，用大箬叶裹之，中放好火腿一大块，封锅闷煨一日一夜，柴薪不断。食之滑腻温柔，肉与米化。

随园食单

福

图书在版编目（CIP）数据

随园食绘 / 夕米木子绘；牧神编 . -- 北京 : 北京联合出版公司 , 2025. 1.（2025.4 重印）-- ISBN 978-7-5596-7987-1

Ⅰ . TS972.117-64

中国国家版本馆 CIP 数据核字第 2024XK3906 号

随园食绘

绘　　者：夕米木子
编　　者：牧神
出 品 人：赵红仕
策划监制：王晨曦
责任编辑：肖　桓
特约编辑：陈艺端
美术编辑：陈雪莲
封面设计：好谢翔
营销支持：沈贤亭

北京联合出版公司出版
（北京市西城区德外大街 83 号楼 9 层　100088）
北京联合天畅文化传播公司发行
上海盛通时代印刷有限公司印刷　新华书店经销
字数 10 千字　889 毫米 ×1194 毫米　1/32　6.375 印张
2025 年 1 月第 1 版　2025 年 4 月第 3 次印刷
ISBN 978-7-5596-7987-1
定价：68.00 元

盘
铁锅

搭配

可荤可素者，蘑菇、鲜笋、冬瓜是也。可荤不可素者，葱韭、茴香、新蒜是也。可素不可荤者，芹菜、百合、刀豆是也。

冬瓜
鲜笋
蘑菇
刀豆
百合
芹菜

作料

葱、椒、姜、桂、糖、盐，虽用之不多，而俱宜选择上品。

白糖

桂皮

食盐

生姜
大葱
辣椒

厨前须知

作料

搭配

器具

时节

选用

【叁】杂素篇

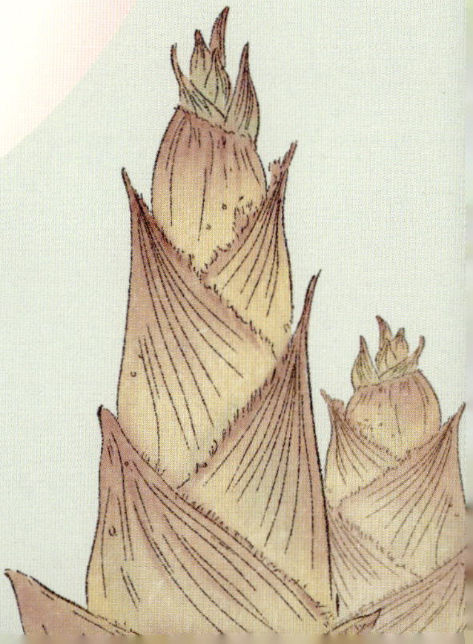

【肆】点心篇

目录

厨前须知

【壹】鲜味篇

【贰】肉食篇

全书绘图文本，

皆节选于［清］袁枚《随园食单》

随园食绘

SUIYUAN FOOD PAINTING

夕米木子—绘

牧神—编

北京联合出版公司
Beijing United Publishing Co.,Ltd.